Vanesa Lucia Bazan Brizuela

# Pirometalurgia del Oro

AF550427

Vanesa Lucia Bazan Brizuela

# Pirometalurgia del Oro

## El proceso de fusion

Editorial Académica Española

**Imprint**
Any brand names and product names mentioned in this book are subject to trademark, brand or patent protection and are trademarks or registered trademarks of their respective holders. The use of brand names, product names, common names, trade names, product descriptions etc. even without a particular marking in this work is in no way to be construed to mean that such names may be regarded as unrestricted in respect of trademark and brand protection legislation and could thus be used by anyone.

Cover image: www.ingimage.com

Publisher:
Editorial Académica Española
is a trademark of
Dodo Books Indian Ocean Ltd. and OmniScriptum S.R.L publishing group

120 High Road, East Finchley, London, N2 9ED, United Kingdom
Str. Armeneasca 28/1, office 1, Chisinau MD-2012, Republic of Moldova, Europe
Printed at: see last page
**ISBN: 978-613-9-43709-2**

Copyright © Vanesa Lucia Bazan Brizuela
Copyright © 2024 Dodo Books Indian Ocean Ltd. and OmniScriptum S.R.L publishing group

## INDICE

# CAPITULO:1- CONCEPTOS GENERALES

## 1.1 INTRODUCCIÓN

El proceso de alta temperatura es muy usado en la producción de metales y materiales. Existen varias razones para usarlo:
La estabilidad relativa de los metales y sus componentes cambian considerablemente con la temperatura haciendo posible que se logren cambios químicos y estructurales en las diferentes fases presentes en el sistema.
Las velocidades de transporte de masa y reacciones químicas se incrementaron con la energía térmica incrementada permitiendo lograr cambios en menor tiempo.
El proceso de la fase líquida y gaseosa el cual es posible a altas temperaturas no sólo permite que se realicen reacciones a mayor velocidad sino que también permite que la separación de las fases se logre con relativa facilidad.

No existen límites convencionales para las temperaturas que se utilizan en el proceso de alta temperatura.

En el caso del proceso de los metales y materiales, no obstante, por las razones mencionadas anteriormente, la mayoría de los procesos son efectuados entre 300 y 2000ºC de temperatura. El término proceso pirometalúrgico es usado con frecuencia para describir los procesos de alta temperatura relacionados con la producción de metales. Sin embargo, los principios básicos que sustentan el uso de altas temperaturas son comunes en el proceso de todos los materiales. Los siguientes ejemplos ilustran el rango de aplicaciones del proceso de alta temperatura en las industrias de metales y materiales.

El ejemplo más sencillo de tratamiento térmico es quizá el secado. Las técnicas de proceso físico no pueden eliminar los últimos restos de agua absorbida e incorporada físicamente a partir de materiales finamente divididos y el calor se usa para eliminar el agua restante de la fase gaseosa como vapor. Sin embargo, el calentamiento rápido de componentes cerámicos inacabados causaría una severa deformación y fractura, por consiguiente, el secado debe efectuarse bajo condiciones controladas para evitar pérdidas de producto.

La descomposición térmica de compuestos inorgánicos, por ejemplo, la calcinación de piedra caliza, $CaCO_3$, es una práctica muy común. La caliza es un almacenaje de alimentación en varios procesos químicos importantes en la industria y durante el calentamiento se separa en cal, $CaO$ y $CO_2$. Hidróxidos de metal, sulfatos y carbonatos, obtenidos por medio de precipitación química a partir de soluciones acuosas, se usan en la producción de materiales cerámicos. A altas temperaturas, estos materiales se separan en sus respectivos óxidos. Los componentes que se forman y sus propiedades físicas pueden ser alteradas controlando la composición de la materia inicial, las temperaturas de tratamiento y la atmósfera, en las cuales el proceso de alta temperatura se efectúa.

Los óxidos de metal, el sulfuro y los haluros son las mayores fuentes de metales y en el proceso pirometalúrgico de alta temperatura está disponible una gran variedad de opciones para el tratamiento de estos materiales.

Otro punto interesante para resaltar, es que con frecuencia se usan combinaciones de alta temperatura, solución orgánica/acuosa y técnicas electroquímicas para obtener los productos esperados. Donde se obtengan nuevos componentes entonces el lector debe remitirse a las alternativas para procesar el nuevo componente, en el caso que se considere un procesamiento adicional, por ejemplo, si el material original es un metal de sulfuro y éste se transforma en un óxido, entonces, las opciones de procesamiento para los óxidos de metal deben examinarse.

## 1.1 PRINCIPIOS FUNDAMENTALES DE LA METALURGIA EXTRACTIVA.

El primer paso en la obtención de un metal es descubrir el lugar donde exista uno de sus minerales en cantidad adecuada, es decir un yacimiento, este es un trabajo de prospección que realizan los geólogos usando distintos métodos: mecánicos, químicos, gravimétricos, magnéticos, eléctricos, aerofográficos, entre otros.

Una vez ubicado el yacimiento donde exista el mineral o mena metalífera se hace las consideraciones necesarias para determinar su explotación económica.

La explotación de la roca que contiene el mineral es llevada a cabo por el ingeniero de minas que puede hacer una explotación a cielo abierto o con socavones o túneles usando diversas técnicas.

La explotación del yacimiento es una mina de la cual el material es arrancado y entregado al ingeniero metalúrgico extractivo, quien para convertirlo en metal debe seguir tres pasos por lo menos:

Separación del mineral y de la ganga (que es la parte no útil), en una operación conocida como beneficio de minerales o mineralurgia.

Tratamiento químico preliminar que produce un compuesto adecuado para la reducción del metal.

Reducción a metal, posiblemente con un tratamiento posterior de refinación.

Para separar el metal de la ganga usualmente lo primero que se hace es una trituración y una molienda. Sigue la clasificación, que puede ser con cribas o tamices en seco o por otros medios, en que los pedazos grandes se separan de los finos. A veces es necesario volver a aglomerar los finos a un tamaño adecuado, un método para la aglomeración es la sinterización.

La concentración del mineral, para enriquecerlo con vías al transporte o al proceso, se puede hacer gravimétricamente usando corrientes de agua (calones, mesa Wilfley, elutriadores, entre otras) o de aire (ciclones), por separación eléctrica, magnética, por flotación – en la que un tipo de partículas se hace flotar por medio de reactivos mientras que las de otros se sedimentan-, por reacciones químicas o por otros métodos según el tipo de mineral y las necesidades del proceso.

El mineral concentrado se puede tratar con calcinación y tostación – donde el metal sulfuroso, por ejemplo, se convierte en óxido- por lixiviación o por otros procesos químicos o electroquímicos.
a reducción del mineral preparados se efectúa en hornos y

convertidores de distinto tipo cuando se usa la pirometalurgia o por medios químicos o electroquímicos cuando se usa la vía hidrometalúrgica. Al final del proceso de refinación se tiene un metal o aleación.

### Concepto de Metalurgia

La metalurgia extractiva se puede definir como la parte de la metalurgia que estudia los métodos químicos necesarios para tratar una mena mineral o un material que se va a reciclar de tal forma que se pueda obtener, a partir de cualquiera de ellos, el metal, más o menos puro, o alguno de sus componentes.

## 1.3PROCEDIMIENTOS DE LA METALURGIA EXTRACTIVA.

Las operaciones en metalurgia extractiva caen dentro de uno de dos grupos: operaciones de vía seca y operaciones de vía húmeda. A las primeras se las conoce, de forma general, como operaciones pirometalúrgicas y a las segundas como operaciones hidrometalúrgicas. Las operaciones de vía seca se realizan a altas temperaturas entre productos en estado sólido, líquido o gaseoso, mientras que las operaciones de vía húmeda se realizan a través de reacciones en fase acuosa y a bajas temperaturas.

Tanto la pirometalúrgia como la hidrometalúrgia se pueden dividir atendiendo a las posibles operaciones que se pueden realizar. El siguiente cuadro establece esta división.

División de la metalurgia extractiva

| PIROMETALURGIA | HIDROMETALURGIA |
|---|---|
| -Calcinación | |
| -Tostación Oxidante Sulfatante Clorurante Aglomerante | |
| Otras | |
| -Fusión Reductora Ultrareductora Neutra Oxidante | |
| -Volatilización Reductora Oxidante | |
| De haluros De carbonilos | |
| -Electrólisis ígnea | |
| -Metalotermia | |

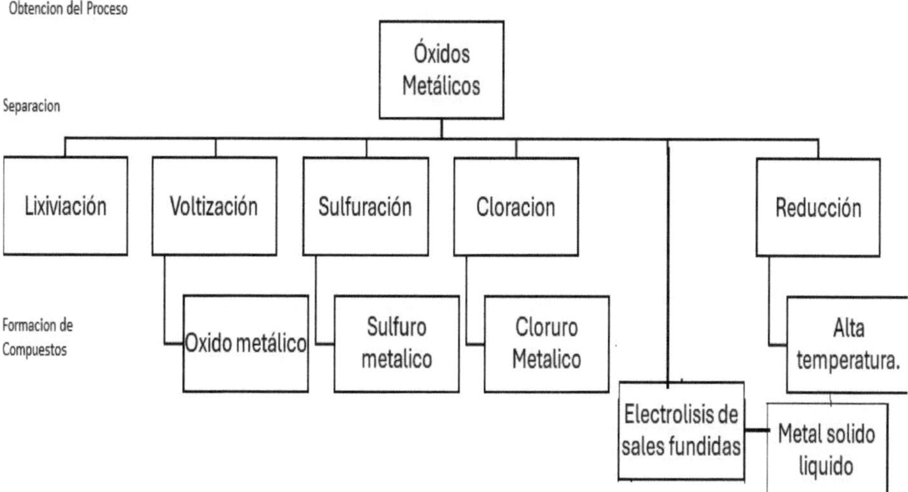


**Figura 1. Rutas alternativas de proceso para el tratamiento de óxidos metálicos**

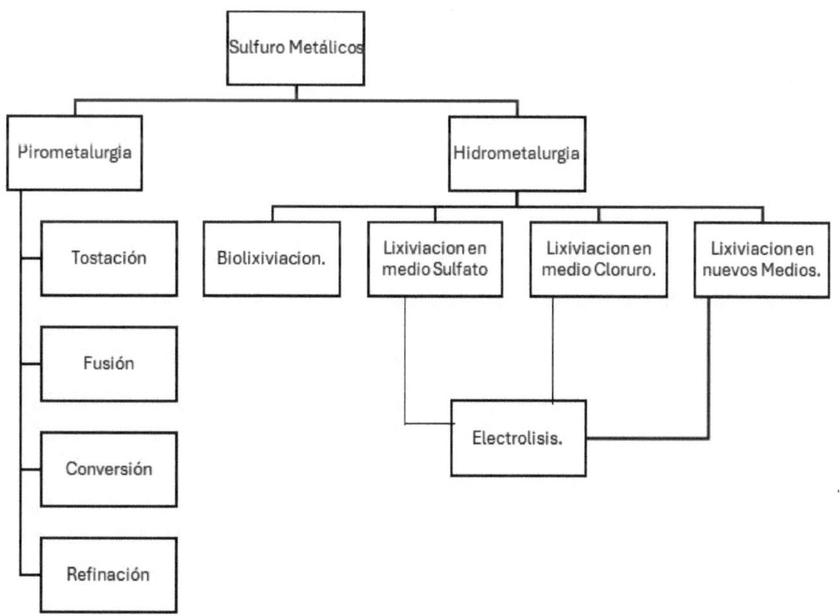


**Figura 2. Rutas alternativas de proceso para el tratamiento de sulfuros metálicos**

# CAPITULO:2- PROCESO PIROMETALURGICO DEL ORO

## 2- PROCESO PIROMETALURGICO

El proceso comienza con la colección del precipitado proveniente de la planta de Procesos y el cual es retenido en tres Filtros Prensa. La solución filtrada, a la que se denomina Solución Barren y que contiene menos de 0.02 ppm de Au y Ag, se recepciona en un tanque y luego se bombea al Pad de Lixiviación para el riego de las pilas. El sólido retenido se colecta cada 6 o 7 días, dependiendo de la cantidad precipitada, y es recepcionado en bandejas. Este precipitado tiene una humedad de 35% y un contenido promedio de 25% Au, 57% Ag y 10% Hg.

Luego, el precipitado se traslada a cuatro Hornos de Retortas. La finalidad de estos es secar el precipitado colectado y recuperar todo el Mercurio que se encuentra en él, por ello se trabaja con rampas de temperatura hasta alcanzar un máximo de 550 ºC. El ciclo total de la Retorta es de 24 hrs. y se trabaja bajo una condición de vacío de 7" Hg. El Mercurio removido es colectado por un sistema de condensadores enfriados por agua y se almacena en un colector el cual se descarga al final del ciclo, a contenedores especiales de Hg (flasks) para su almacenamiento seguro.

A fin de remover eventuales remanentes de mercurio gaseoso que puedan ir al medio ambiente, el flujo de vacío pasa a través de un post-enfriador enfriado por agua, ubicada inmediatamente después del colector. Luego, este flujo pasa a través de columnas de carbón activado y un separador de agua antes de ir a la bomba de vacío y recién es descargado a la atmósfera. La saturación de los carbones se controla mediante monitoreos constantes. La recuperación de Mercurio está en valores por encima del 99%.

El precipitado seco y frío se mezcla con los fundentes necesarios y se carga a dos Hornos de Inducción. Se requiere cerca de 2 horas para que la carga se funda completamente y llegue a una temperatura de 1300º C (aprox.) con el fin de realizar las escorificaciones y la colada final para obtener las barras Doré.

### 2-1 HORNOS DE RETORTA

La potencia eléctrica es suministrada a los elementos de calentamiento (resistencias) a través de las unidades SCR. El horno de Retorta contiene un total de 24 resistencias. El sensor para el controlador de temperatura se localiza en la parte posterior de la Retorta.

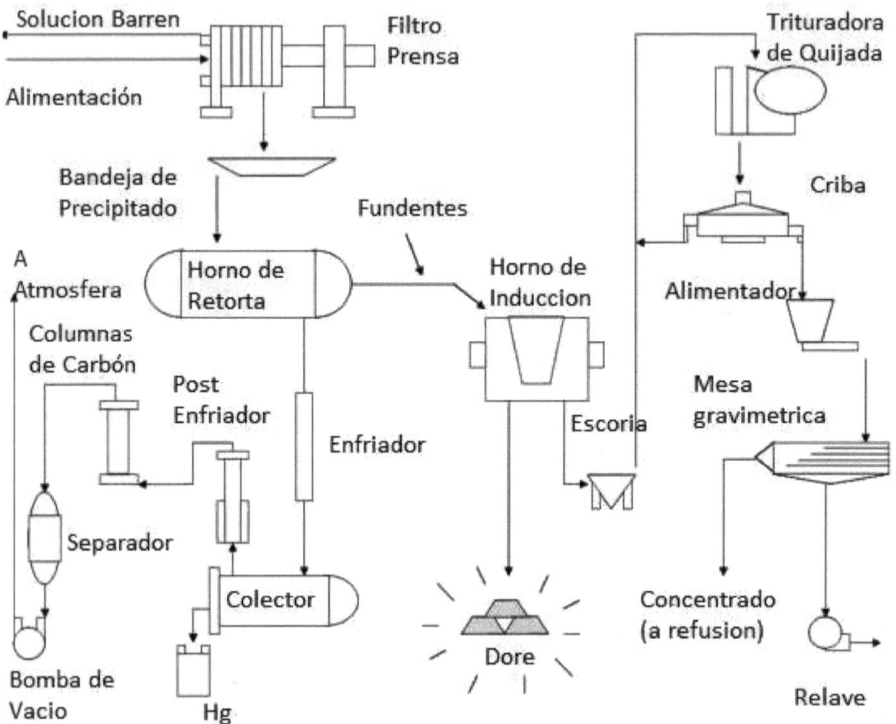


**Figura 3: Diagrama de Flujo de Proceso.**

El Horno de Retorta dispone además de un controlador de alta temperatura. Cuando una condición de alta temperatura ocurre, el sensor del límite de alta temperatura y baja la salida del SCR a cero. Un sensor de fuga de alta temperatura está localizado a la salida y tiene una alarma externa.

El Registrador tiene un swicth que permite cambiar de ON a OFF si uno lo desea.

El bulbo remoto Honeywell del controlador de temperatura controla el extractor. Este sistema controla los límites de la temperatura del aire que fluye por el extractor hacia la atmósfera para prevenir desgastes prematuros en las cintas de transmisión del motor hacia el impeller. Este valor deberá estar seteado a un máximo de 210°F (99°C).

Un timer del proceso hace que la salida del SCR se apague después que el tiempo seteado se cumpla. Además un sensor se usa para by-pasear el bulbo de temperatura del controlador. Durante el ciclo de calentamiento, el extractor está completamente abierto y direccionado hacia la puerta de la Retorta. Luego del ciclo de operación la válvula del extractor cambia de dirección por el controlador "TC1" y hace que el flujo de aire quede direccionado para pasar a través de las resistencias, facilitando su enfriamiento.

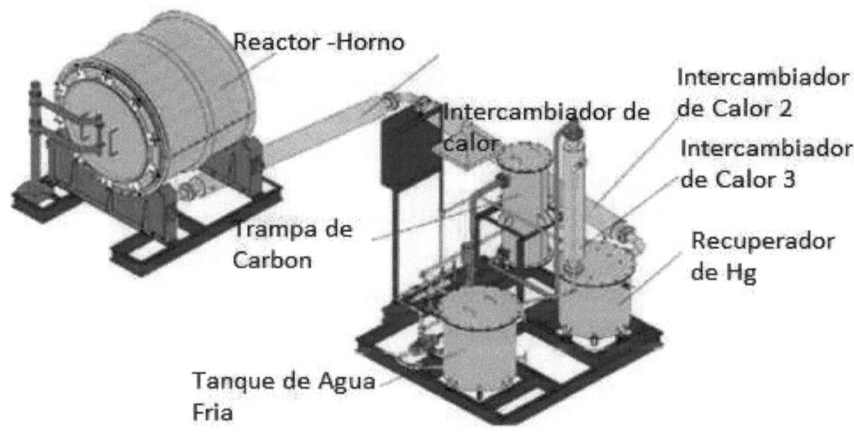


**Figura 4: Horno de Retorta.**

## 2-1.1 DESTILACIÓN DEL MERCURIO:

Dependiendo del tipo de mineral a procesar (mineralogía) algunos contienen significativas concentraciones de Mercurio (>0,1 – 0,5%) y deben ser tratados para removerlos antes de la fundición del precipitado. Este tratamiento debe ser realizado para minimizar la emanación de gases tóxicos de Mercurio a la atmósfera durante las siguientes etapas del proceso.

Por su alta presión de vapor relativa (1,3 x $10^{-3}$ mm Hg a 20°C) comparada con otros metales (Au = $10^{-10}$, Ag = $10^{-22}$ y Pt < $10^{-22}$ mm Hg), el mercurio puede ser separado eficientemente de otros metales preciosos o bases por una simple destilación. El Mercurio es removido por Retortas, hornos especialmente diseñados para este fin. Las temperaturas son similares a las aplicadas para la tostación o calcinación. Otras reacciones que ocurren bajo estas condiciones también son aplicadas durante la Retorta.

La temperatura de la Retorta es incrementada lentamente para secarlo completamente antes de vaporizar el Mercurio y para dar tiempo que el Mercurio migre hacia la superficie. El sistema es mantenido a máxima temperatura durante 10 horas para asegurarse la total volatilización del Mercurio. Remociones del 99% son fácilmente obtenidas.

### 2.1.2 DESTILACIÓN EN LAS RETORTAS:

Las Retortas son operadas bajo una ligera presión negativa y el vapor de Mercurio es usualmente recuperado dentro de un sistema de condensación por agua en contracorriente. El vapor es rápidamente enfriado a menos del punto de ebullición (356°C) y el Mercurio líquido es colectado bajo agua para evitar la reevaporación.

Pérdidas de Mercurio del orden del 0,2% o 0,4% son obtenidas por cada ciclo de destilación, esas pérdidas son generalmente el resultado de Mercurio no condensado.

El Mercurio puro ebulle normalmente a 356°C. Sin embargo, el Mercurio presente en el precipitado está reemplazando átomos en la estructura del Oro, y este punto de ebullición se incrementa a 480°C como resultado de una baja concentración de Mercurio; afortunadamente, el punto de ebullición del Mercurio puede ser bajado reduciendo la presión en el sistema y puede ser mejorado colocando el precipitado en un sistema de vacío. Por lo que una bomba de vacío es proveída para reducir la presión en la Retorta por debajo de la presión atmosférica.

El tratamiento que recibe el precipitado(pptdo) en las Retortas es una tostación con rampas de temperatura que nos ayudan a extraer lo mayor cantidad posible de Mercurio del material. Las rampas conforman un ciclo de 24 horas de trabajo de las Retortas que se puede apreciar en la figura 5.

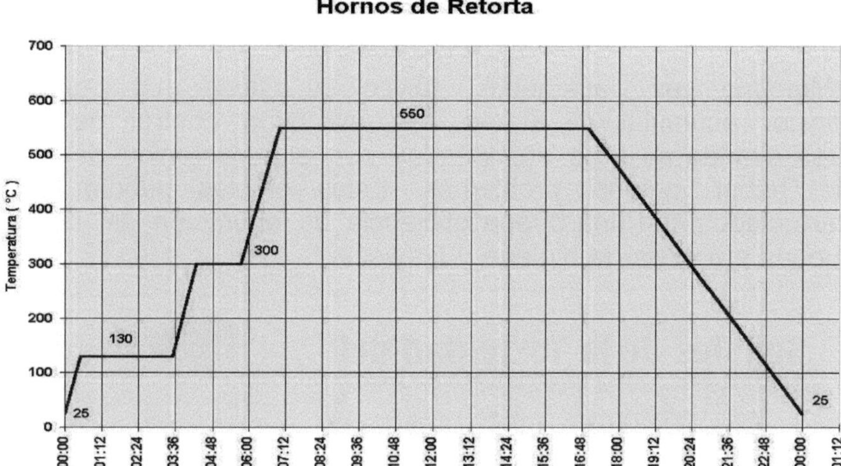


**Figura 5: Rampa de Operación de Hornos de Retorta.**

La Retorta utiliza condensadores enfriados por agua para la condensación del Mercurio. El tanque colector almacena temporalmente el Mercurio. El post-enfriador está refrigerado por agua y condensas eventuales remanentes de Mercurio. A la succión de la bomba de vacío se localiza 4 columnas de carbón activado por Retorta. Una bomba de vacío es instalada para crear el vacío necesario en la Retorta.

### 2.1.3 ALMACENAMIENTO DEL MERCURIO:

Una vez que el ciclo de la Retorta haya culminado, el Mercurio recuperado es drenado de los tanques colectores hacia botellas de acero que son fabricados con planchas de acero grueso de 3/8". Estos frascos (conocidos como flasks, en inglés) son reciclables y reusables, los procedimientos y materiales utilizados para su fabricación cumplen normas americanas (EPA) y de las Naciones Unidas (UN).

Estos frascos de Mercurio se almacenan temporalmente dentro del área de Refinería hasta su despacho (exportación).

## 2.1.4 TOXICIDAD DEL MERCURIO:

El Mercurio es altamente tóxico y tiene un efecto fisiológico acumulativo. Si no hay un buen control de los vapores cuando se trate precipitados con alto contenido de Hg, puede haber graves problemas. Estos efectos pueden ser contrarrestados con una buena eficiencia de operación así como de buenas prácticas de higiene y limpieza.

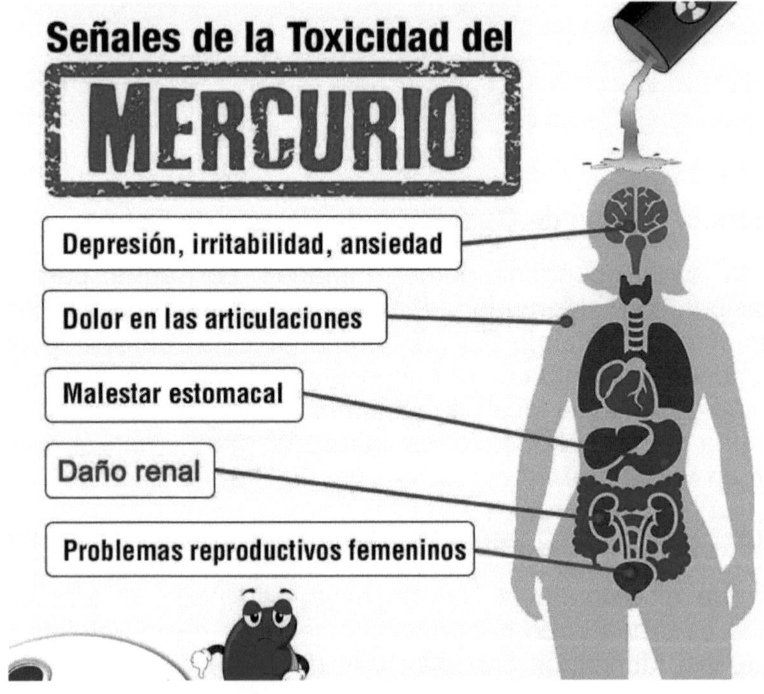


**Figura 6: Efectos del Mercurio.**

# CAPITULO 3- FUNDICION DE ORO.

La fundición es un proceso que implica más que la simple fusión del metal para extraerlo de la mena. La mayoría de las menas minerales son compuestos en los que el metal está combinado con el oxígeno (en los óxidos), el azufre (en los sulfuros) o el carbono y el oxígeno (en los carbonatos), entre otros. Para obtener el metal en su forma elemental se debe producir una reacción química de reducción que descomponga estos compuestos. Por ello en la fundición se requiere el uso de sustancias reductoras que al reaccionar con los elementos metálicos oxidados los transformen en sus formas metálicas.

## 3-1FUSIÓN DE ORO

El producto de Oro y Plata, frío y seco, debe ser mezclado con los fundentes necesarios para cargar los Hornos y así proceder a la fusión.

Se requiere cerca de 2 horas para que la carga se funda completamente y llegue a una temperatura de 1100ºC (aprox.) con el fin de realizar las escorificaciones y la colada final para obtener las barras Doré. Se utiliza el sistema de colada en cascada para la obtención de las barras.

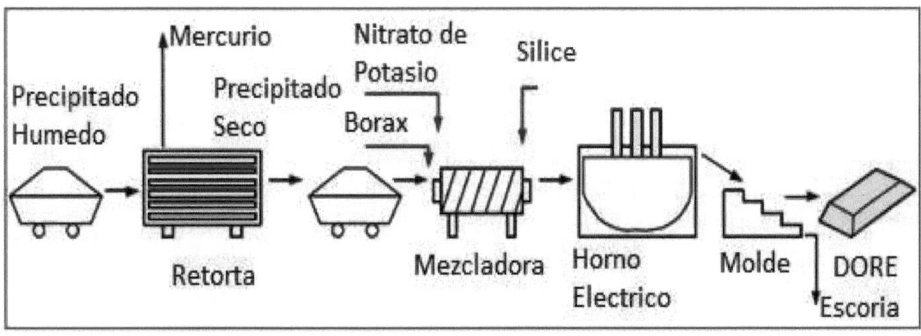


**Figura 7: Esquema de Fundición de ORO**

- El Oro es un metal precioso que tiene un punto de fusión de 1064ºC. A presión atmosférica,

- A temperaturas por encima del punto de fusión, el Oro se volatiliza como vapores de color rojo. Esta volatilización aumenta con el incremento de la temperatura.

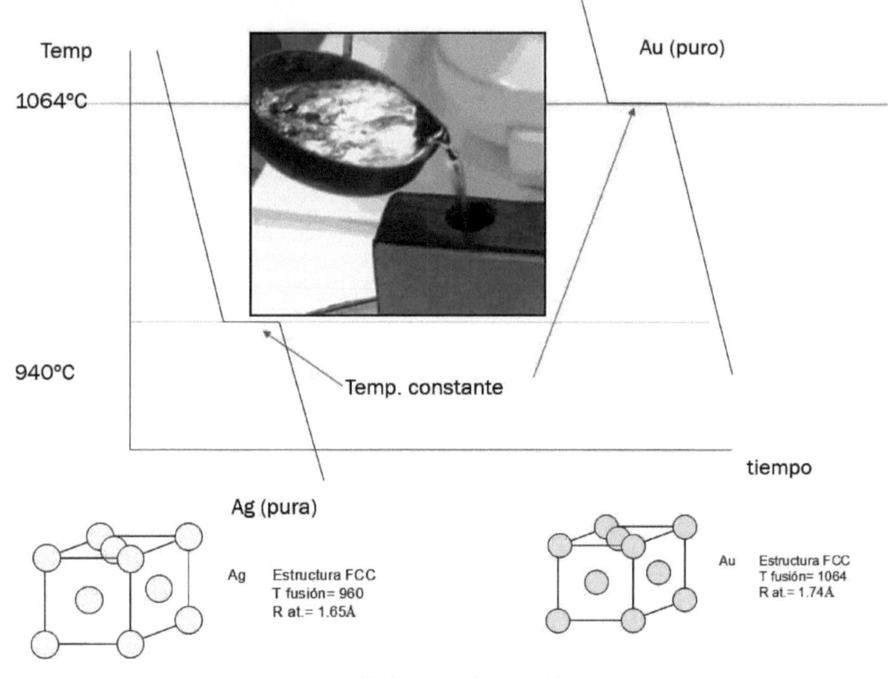


**Figura 8- Diagrama Binario Au-Ag**

- A 1050ºC la volatilización es imperceptible y es todavía baja por debajo de los 1250ºC. La volatilización aumenta con la presencia de impurezas metálicas, particularmente el teluro: por ejemplo, una aleación que contiene 5% de Te pierde entre 2% y 4% del contenido de Au en una hora a 1245ºC. Aleaciones conteniendo 5% Hg o Sb pierde aproximadamente 0.2% de Au en similares condiciones.

| Metal / Mineral | Punto de Fusión °C | Punto de Ebullición °C |
|---|---|---|
| Au | 1064 | 2808 |
| Ag | 961 | 2210 |
| Pt | 1769 | 4530 |
| Hg | -38.9 | 357 |
| Zn | 420 | 907 |
| Pb | 327 | 1744 |
| Cu | 1083 | 2595 |
| $SiO_2$ | 1723 | 2230 |
| $Na_2B_4O_7.10H_2O$ | 750 | -- |
| $Na_2CO_3$ | 851 | -- |
| $NaNO_3$ | 271 | -- |
| $CaF_2$ | 1403 | 2500 |
| ZnO | 1975 | -- |
| $Ag_2O$ | 230 | -- |
| PbO | 886 | -- |
| $Al_2O_3$ | 2072 | 2980 |
| $Fe_2O_3$ | 1565 | -- |

## 3-1-1 COLOR DE LLAMAS

Las llamas presentes en el fuego no son de un mismo color, todo depende del material que se esté quemando. De igual forma como existen distintos colores también existen diferentes tipos de llamas que indican las características especiales que la conforman.

A lo largo del tiempo, el ser humano ha usado el fuego de distintas maneras y formas que le ha permitido desarrollar procedimientos cada vez más sofisticados para hacer de la vida más cómoda. La luz visible es generada por temperaturas lo suficientemente elevadas y rápidas para poder observar las moléculas en movimiento, lo que produce la llama, y se puede determinar que existen diferentes colores asociados a la temperatura desarrollada en el interior de los hornos.

La temperatura es uno de los elementos fundamentales que determinarán el color y la intensidad de la llama.

| | Color | Temperatura |
|---|---|---|
| 1 | Rojo oscuro visible | 470 °C |
| 2 | Color sangre | 530 °C |
| 3 | Rojo oscuro | 570 °C |
| 4 | Rojo cereza oscuro | 650 °C |
| 5 | Rojo cereza claro | 750 °C |
| 6 | Rojo claro | 850 °C |
| 7 | Naranja | 900 °C |
| 8 | Naranja claro | 950 °C |
| 9 | Amarillo | 1.000 °C |
| 10 | Amarillo claro | 1.100 °C |
| 11 | Blanco | 1.200 °C |

## 3-2 HORNOS:

Los hornos que se usan para fundir metales y sus aleaciones varían mucho en capacidad y tamaño, varían desde los pequeños hornos de crisol que contienen unos cuantos kilogramos de metal a hornos de hogar abierto hasta 200 toneladas de capacidad. Los tipos de hornos que se usan en un proceso de fundición son:

- Horno de crisol (móvil, estacionario y basculante).
- Horno eléctrico.
- Horno por inducción.

- Horno de arco eléctrico.
- Horno basculante.
- Horno de cubilote

El tipo de horno usado para un proceso de fundición queda determinado por los siguientes factores:

- ✓ La necesidad de fundir la aleación tan rápidamente como sea posible y elevarla a temperatura requerida.
- ✓ La necesidad de mantener tanto la pureza de la carga, como precisión de su composición.
- ✓ La producción requerida del horno.
- ✓ El costo de operación del horno.

**Hornos de Crisol:** En estos hornos se funde el metal, sin entrar en contacto directo con los gases de combustión y por esta razón se llaman algunas veces hornos calentados indirectamente el crisol generalmente se calienta y posteriormente son cargados.

**Horno de crisol móvil:** el crisol se coloca en el horno que usa aceite gas o carbón pulverizado para fundir la carga metálica, cuando el metal se funde, el crisol se levanta del horno y se usa como cuchara de colada.

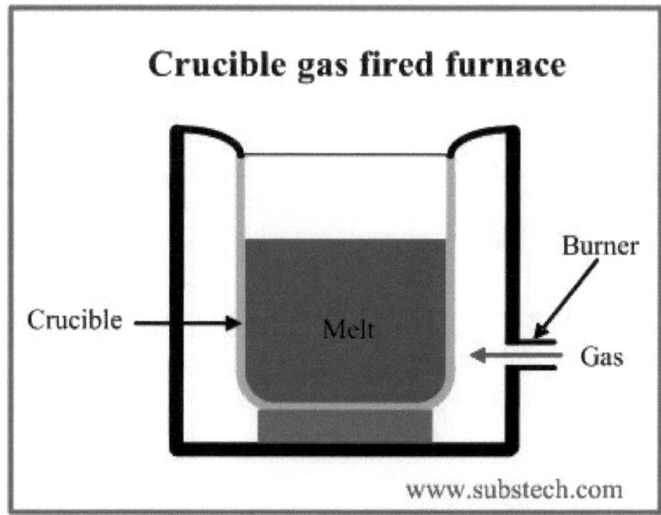


**Figura 9: Horno de Crisol móvil**

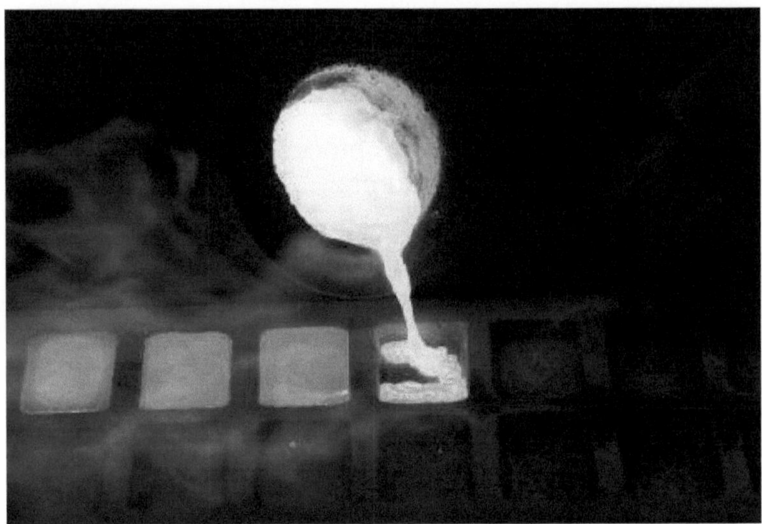

**Figura 10: Horno de Crisol en funcionamiento.**

**Horno de crisol estacionario:** en este caso el crisol permanece fijo y el metal fundido se saca del recipiente mediante una cuchara para posteriormente llevarlo a los moldes

**Horno de crisol basculante:** el dispositivo entero se puede inclinar para vaciar la carga, se usan para metales no ferrosos como el bronce, el latón y las aleaciones de zinc y de aluminio, ORO

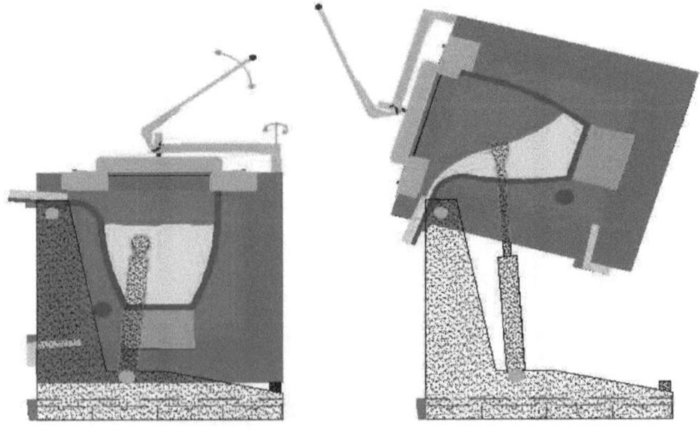

**Figura 11: Horno de Inducción.**

## 3-2-1HORNO DE INDUCCIÓN

El horno de fundición por inducción es un contenedor formado por un circuito helicoidal (bobina) conectado a una fuente de corriente alterna y que está refrigerado con agua. Esta bobina está protegida por material refractario, dentro del cual se aloja un crisol removible de Carburo de Silicio

**Horno 12: Crisol de Horno.**

## 3-3-FUNCIONAMIENTO DEL HORNO.

La energía calorífica se logra por efecto la corriente alterna y el campo electromagnético que generan corrientes secundarias en la carga; el crisol es cargado con material, que puede ser chatarra, lingotes, retornos, virutas, concentrado u otros.

Cuando el metal es cargado en el horno, el campo electromagnético penetra la carga y le induce la corriente que lo funde; una vez la carga esta fundida, el campo y la corriente inducida agitan el metal, la agitación es producto de la frecuencia suministrada por la unidad de potencia, la geometría de la bobina, densidad, permeabilidad magnética y resistencia del metal fundido.

El rango de capacidades de los hornos de inducción abarca desde menos de 1 kilogramo, hasta 320 toneladas y son utilizados para fundir toda clase de metales ferrosos y no ferrosos, incluso metales preciosos.

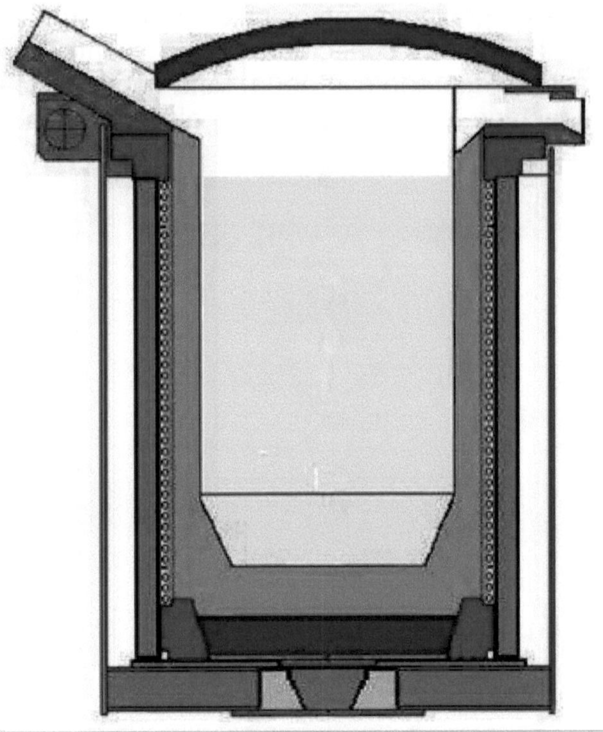

**Figura 13: Esquema de funcionamiento de horno de inducción**

## 3-4-FUSIÓN DEL DORÉ

En la Refinería se obtiene como producto final barras de Doré (también conocido como Bullion) que es una aleación de Oro y Plata. El punto de fusión del Doré depende de la composición química de la aleación. En la Figura 2, se presenta el diagrama binario para la aleación Ag – Au, el cual señala los diferentes puntos de fusión para esta aleación a diferentes composiciones químicas. Actualmente el Doré producido en la Refinería tiene una composición química de 19 – 21% Au y 78–80% Ag (en promedio). Según el diagrama binario antes mencionado, una aleación de Au – Ag con esa composición tendría un punto de fusión cercano a los 980°C. Esto se aprecia más claramente en la Figura 3. Cabe mencionar que esta temperatura de fusión es sólo para el metal Doré, no es para toda la carga. Esto se verá más adelante.

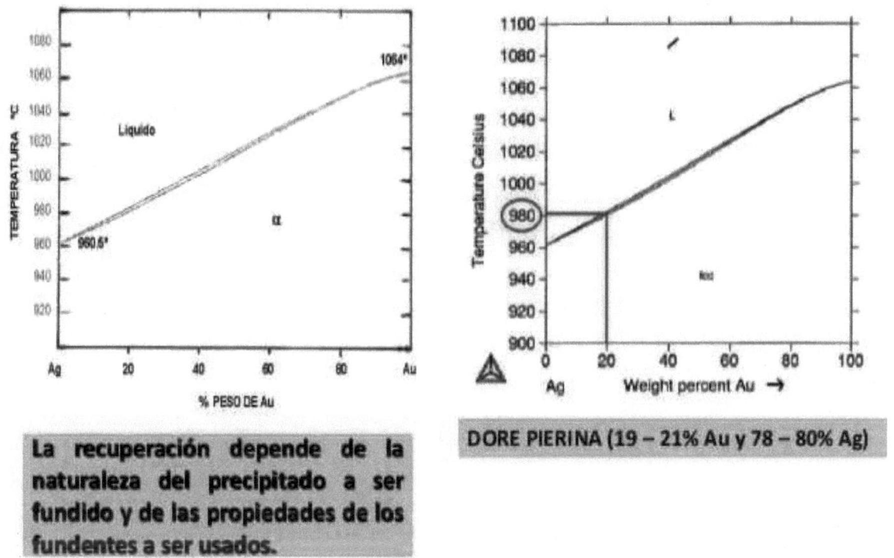


**Figura 14: Diagrama Binario de Au-Ag**

Si el Cobre no es eficientemente oxidado y removido en la escoria, permanece en estado metálico y puede formar parte del Doré, alterando su punto de fusión. Se forma entonces una aleación ternaria

## 3-5FUNDICION DE LA CARGA:

La preparación de la carga es una tarea crítica en la operación de la fundición. El precipitado y el material recuperado de las escorias son pesados y mezclados con fundentes en proporciones adecuadas con el objetivo de obtener una escoria con las siguientes propiedades:

- Bajo punto de fusión
- Baja densidad

- Baja viscosidad
- Alta fluidez
- Alta solubilidad de los óxidos de los metales básicos
- Insolubilidad de los metales preciosos
- Bajo desgaste refractario (corrosión / abrasión)
- Fácil de romper para volver a ser tratado

La eficiencia en la separación entre la escoria y el metal Doré, se mide en términos de leyes de Au y Ag en la escoria o lo que es lo mismo, la recuperación de metales base (y otras impurezas) atrapadas en la escoria. La performance depende de la naturaleza del precipitado a ser fundido, en base a su contenido metálico y las propiedades de los fundentes a ser usados

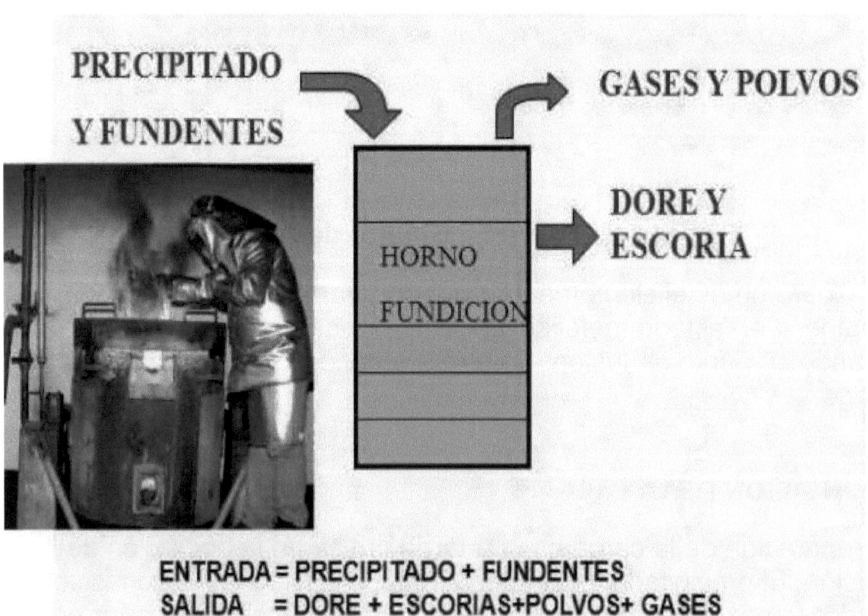


**Figura 15: Balance de masa**

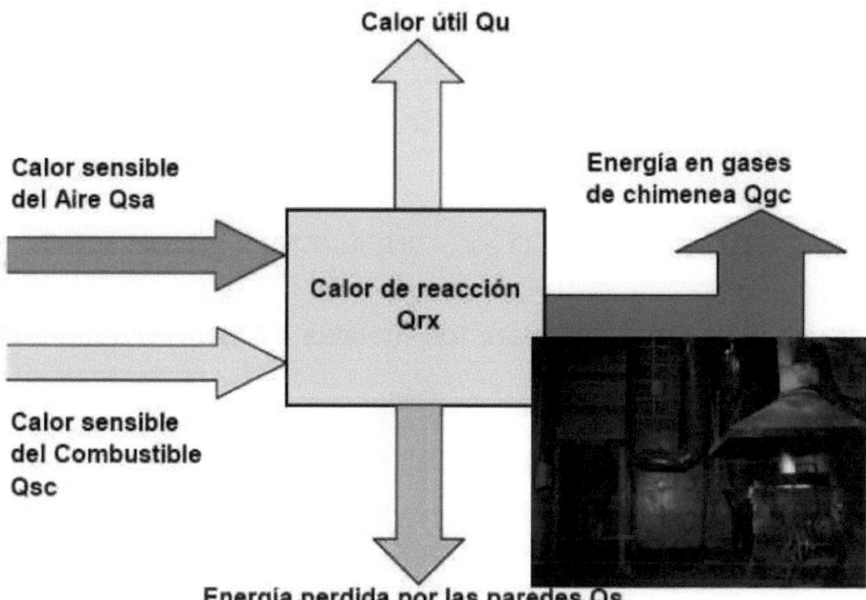


**Figura 16: Balance de energía**

## OBTENCION DEL DORE

## 3-6-EXTRACCIÓN DE METALES NOBLES, DE MENAS

El proceso de cianuración para extraer Oro (Au) y Plata (Ag), de menas de baja ley, emplea soluciones acuosas de Cianuro de Sodio (NaCN) con Oxigeno (O2), contenido en el aire; para convertir el metal noble (M), de:

$$\textbf{M (sólido con impurezas)} \longrightarrow \textbf{M(CN)}_2 \textbf{ (soluble)}$$

Para ello se requiere un agente oxidante, según la siguiente ecuación general conocida como ecuación de Elsner (Hedley y Tabachnick):

$$4Au + 8NaCN + O2 + 2H_2O ===> 4NaAu(CN)_2 + 4NaOH$$

Habashi revisó los estudios efectuados acerca de los mecanismos de cianuración y propuso la ecuación para la reacción de disolución:

$$2Au + 4NaCN + O2 + 2H_2O ===> 2NaAu(CN)_2 + 2NaOH + H_2O_2$$

**Una vez llevados a solución, los metales pueden recuperarse desde ella por:**

- Precipitación, con polvo de Zinc (Zn) o de Aluminio (Al)
- Adsorción en carbón activado
- Electrorecuperación (Elecrowinning)

En el caso de Petaquillas el método empleado es el de Adsorción en Carbón Activa- do y posterior Electrorecuperación (EW).

El procesamiento de los productos proveniente de la operación de electrorecupera ción, constituye la etapa final de producción en forma de metal doré.

El objetivo de esta etapa es la de purificar los precipitados, removiendo los contaminantes que acompañan a los metales preciosos y obtener metal doré en barras adecuado para su posterior refinación. Los contaminantes más comunes pueden incluir: cobre, plomo, mercurio, cadmio, y otros metales.

Los precipitados obtenidos por electrorecuperación, fuera de los contaminantes provenientes de la solución están acompañados de viruta de acero que es el material catódico utilizado en las celdas electrolíticas.

El producido de Oro y Plata, frío y seco, debe ser mezclado con los fundentes necesarios para cargar los Hornos y así proceder a la fusión. Se requiere cerca de 2 horas para que la carga se funda completamente y llegue a una temperatura de 1200ºC (aprox.) con el fin de realizar las escorificaciones y la colada final para obtener las barras Doré. Se utiliza el sistema de colada en cascada para la obtención de las barras.

El Oro es un metal precioso que tiene un punto de fusión de 1064ºC. A presión atmosférica, el Au bulle a 2808ºC y a 1800ºC en un sistema de vacío. A temperaturas por encima del punto de fusión, el Oro se volatiliza como vapores de color rojo. Esta volatilización aumenta con el incremento de la temperatura. A 1050ºC la volatilización es imperceptible y es todavía baja por debajo de los 1250ºC. La volatilización aumenta con la presencia de impurezas metálicas, particularmente el teluro: por ejemplo, una aleación que contiene 5% de Te pierde entre 2% y 4% del contenido de Au en una hora a 1245ºC. Aleaciones conteniendo 5% Hg o Sb pierde aproximadamente 0.2% de Au en similares condiciones.

# CAPITULO 4- FUNDENTES.

Es conocido el efecto ejercido sobre el punto de fusión de un metal cuando se alea con otro. Entre los óxidos metálicos existe uno análogo. Por regla general, los puntos de fusión de estos óxidos metálicos suelen ser muy elevados, mucho más altos que el que se suele alcanzar en un horno de tipo industrial. Si un óxido metálico se añade a otro, estas pequeñas adiciones suelen rebajar progresivamente el punto de fusión de la mezcla resultante, hasta que se alcanza la combinación eutéctica o punto de fusión más bajo.

Ya se ha señalado que desde el punto de vista económico exclusivamente, es necesario emplear materiales baratos (óxido de hierro, carbonato calcio y sílice) como fundentes de tipo comercial.

En lo posible, debe evitarse la adición de fundentes estériles, Si hemos de añadir un fundente, es mejor que sea un material básico o ácido que contenga pequeñas cantidades de metales beneficiables. Algunas menas o concentrados se llaman «autofundentes» porque contienen, en las proporciones adecuadas, los elementos necesarios para producir una escoria del grado de silicato exigido sin recurrir a la adición de un fundente; sin embargo, estas combinaciones son muy raras.

## 4-1-1PIEDRA CALIZA, ÓXIDOS DE HIERRO Y SÍLICE.

La sílice es uno de los fundentes más comunes y baratos en las formas de piedra arenisca, cuarcita o cuarzo. Frecuentemente es posible emplear menas siliciosas pobres que contienen una pequeña cantidad de oro y plata. Sin embargo, muchas de estas menas siliciosas contienen silicatos del tipo del feldespato, de la homablenda y de la mica, que no contribuyen a la fusión de la mena; por el contrario, representan una carga para el homo que ha de suministrar el calor necesario para fundirlos.

## 4-2FUNDENTES OXIDANTES.

En esta categoría se encuentran los:

Nitratos de sodio y potasio,

Los óxidos de plomo y el manganeso,

Juntamente con aire como fuente de oxígeno.

## 4-3FUNDENTES REDUCTORES.

Los únicos fundentes reductores verdaderos son los cianuros. Son caros y se emplean únicamente con menas de plata y oro en procesos especiales

## 4-4 FUNDENTES NEUTROS.

El fluoruro de calcio se emplea porque pequeñas cantidades de este compuesto rebajan considerablemente la viscosidad de las escorias y el punto de fusión. Este es también un compuesto muy estable, que constituye el elemento básico de muchos baños fundidos empleados en la electrólisis. (El fluoruro doble de sodio y aluminio, la criolita, posee esta misma propiedad, pero es mucho más caro.)

El sulfato de sodio se emplea frecuentemente (como también el fluoruro) para disolver los lodos adheridos de cobre y plomo. También se emplea (como fuente de sulfuro de sodio) como medio de separar el cobre y el níquel en el proceso Oxford.

Como cubiertas protectoras de las menas fundidas, y no como disolventes, pues lo son poco, se emplean diversos cloruros.

El bórax ($Na_2B_20_7.10H_70$) se emplea también con esta finalidad, aunque es más caro que los cloruros corrientes.

## 4-5EFECTO DE OTROS CONSTITUYENTES.

Se ha señalado que el óxido de magnesio es una impureza corriente de la piedra caliza y que cuando está presente en pequeñas cantidades tiende a rebajar la temperatura de fusión y el peso específico de la escoria. Además, teniendo en cuenta que su peso molecular es 40 y que el de la cal es 56, un peso más bajo de óxido de magnesio garantiza el mismo grado de basicidad en una escoria, además de ser un fundente más barato y producir menos escorias. Es por esta razón por lo que algunos metalurgistas prefieren emplear calizas dolomíticas.

Cuando la cantidad es grande (por encima del 5 por ciento) la magnesia tiende a formar una escoria viscosa de un punto de fusión más elevado.

Afortunadamente, la presencia de óxido de bario no suele ser corriente, ya que éste constituye una impureza indeseable. Tiene un peso molecular elevado, da una escoria de elevada densidad y en la fusión de la mata forma sulfuro de bario que penetra en ésta y tiende a hacer más ligera la escoria. El resultado es que los pesos específicos de la mata y de la escoria se parecen mucho, hecho que dificulta su separación.

El cinc constituye también una impureza muy molesta. En la fusión de la mata forma un sulfuro que pasa a formar parte de ésta para diluirla y disminuir su peso. En la fusión del plomo, el cinc tiende a formar silicatos complejos, los cuales, debido a su punto de fusión tan alto, dan. lugar a la formación de tobos en el crisol y en las paredes del homo alto de cuba, lo que ocasiona muchas dificultades en el proceso.

Los efectos generales del óxido de manganeso son parecidos a los debidos al de hierro, aunque produce una escoria mucho menos fusible que la formada con cantidades equivalentes de óxido ferroso y reduce el poder disolvente de la escoria con respecto al cinc. En el horno de plomo aumenta la pérdida de plata en la escoria.

Los fundentes más empleados, se describen brevemente a continuación:

- Bórax: El Borato de Sodio ($Na_2 B_4O_7.10 H_2O$), es un excelente solvente de metales básicos. Tiene características ácidas y cuando se encuentra fundiéndose disuelve prácticamente todos los óxidos de metales base. El Bórax se funde a 750º C, lo cual baja el punto de fusión para todas las escorias. Este es muy fluido cuando se funde. Densidad: 2370 kg/m3.

***Las grandes cantidades de Bórax pueden ser perjudiciales causando un escoria dura y poco homogénea. Además, un exceso del reactivo puede dificultar la separación de las fases debido a la reducción del coeficiente de expansión de la escoria y su acción de impedir cristalización.***

El bórax disuelve a la mayoría de los óxidos metálicos por lo que el propósito del bórax en la mezcla fundente es ayudar en la formación de escoria. En pocas cantidades, disminuye la temperatura para la formación de escoria y genera una fusión ordenada y tranquila

La disolución de óxidos metálicos por medio de bórax se lleva a cabo en dos etapas: primero el bórax se funde a una forma vidriosa transparente, que consiste en una mezcla de metaborato de sodio y anhídrido bórico, como se observa en la reacción:

$$Na_2B_4O_7 \rightarrow Na_2B_2O_4 + B_2O_3$$

El anhídrido bórico reacciona con el óxido metálico para formar un borato metálico como se indica en la reacción:

$$MO + B_2O_3 \rightarrow MO.\ B_2O_3$$

Se conocen cinco clases de boratos, estos tienen una clasificación similar a los silicatos

| Nombre | Formula | Relación de Oxígeno Ácido : Base |
|---|---|---|
| Ortoborato | $3MO \cdot B_2O_3$ | 1:1 |
| Piroborato | $2MO \cdot B_2O_3$ | 1.5:1 |
| Sesquiborato | $3MO \cdot 2B_2O_3$ | 2:1 |
| Metaborato | $MO \cdot B_2O_3$ | 3:1 |
| Tetraborato | $2MO \cdot 2B_2O_3$ | 6:1 |

- Sílice: El Dióxido de Silicio ($SiO_2$) es añadido a la carga para balancear el contenido básico (cáustico) de la escoria y producir una escoria borosilicatada. La Sílice pura se funde a 1750ºC y es el reactivo ácido más disponible para fundir. Las escorias basadas en Sílice son viscosas y atrapan mucho metal valioso en suspensión. Cuando la Sílice esta mezclada con el Bórax forma una escoria muy fluida que puede disolver los óxidos de metales bases y se combina con ellos en la forma de silicatos estables. Densidad: 2334 kg/m3.

- Nitrato de Sodio: Densidad: 2260 kg.m-3. El nitrato de sodio (NaNO3) es añadido para oxidar los metales básicos en la carga. Este es un agente oxidante muy poderoso cuyo punto de fusión es de 270ºC. A bajas temperaturas el nitro se funde con pocas alteraciones; pero a temperaturas por encima de 380ºC se descompone produciendo Oxígeno.

Este oxida a los sulfuros y algunos metales incluyendo el Plomo, Hierro y Cobre.

Una palabra de advertencia al usar nitro es controlar la cantidad requerida ya que la liberación de oxígeno es una reacción vigorosa y además de desbordar el crisol, causará una erosión excesiva del crisol. El nitro reacciona con el grafito de acuerdo con esta reacción.

$$4\ NaNO_3 + 5C \rightarrow 2\ Na_2CO_3 + 3CO_2 + 2N_2$$

***La adición de nitro se mantiene a un mínimo porque al liberar oxígeno ocasiona una reacción de espuma vigorosa y puede ocasionar el rebose en el crisol. También puede oxidar el crisol reduciendo su vida.***

Químicamente se produce las siguientes reacciones de descomposición

$$2NaNO_3 + Calor \rightarrow 2NaNO_2 + O_2$$

$$2NaNO_2 + Calor \rightarrow Na_2O + N_2O + O_2$$

Con un calentamiento posterior el nitrito de potasio se descompone, dando óxido de potasio, óxido nitroso y un mol de oxígeno

De acuerdo con estas reacciones 1 mol de nitrato (85 g) produce 1 mol de oxígeno (32,0 g).

- Nitrato de Potasio: tiene la misma función que el nitrato de sodio. Reaccionando químicamente de la siguiente manera.

Hay que determinar primero la cantidad de $O_2$ que genera 1 mol de salitre al ser calentado sobre los 400 °C.

$$2KNO_3 + Calor \rightarrow 2KNO_2 + O_2$$

$$2KNO_2 + Calor \rightarrow K_2O + N_2O + O_2$$

- Carbonato de Sodio: También conocido como Soda Solvay, $Na_2CO_3$ (fuente de $Na_2O$, para reemplazar en parte el MO del silicato). Es un poderoso fundente básico y es, con mucho, uno de los más baratos disponibles.

Se combina con la sílice del concentrado formando silicato de sodio, con desprendimiento de $CO_2$, de acuerdo con la siguiente ecuación:

$$Na_2CO_3 + SiO_2 = Na_2SiO_3 + CO_2$$

Debido a la facilidad con que se forman los sulfuros y sulfatos alcalinos, actúa como agente desulfurante y oxidante y posee una fluidez muy elevada. El uso de la soda proporciona transparencia a la escoria, el uso excesivo origina escorias pegajosas e higroscopias

Además, una escoria fuerte a base de soda reacciona exotérmicamente con el agua y el contacto con la piel puede provocar una irritación grave.

- Fluoruro de Calcio: Es conocido también como Espato Flúor (Fluorspar) ($CaF_2$). Este aditivo reduce la viscosidad de la escoria por la sustitución de los iones de Silicio por iones Flúor dentro de la estructura de la escoria borosilicatada, lo que origina la reducción de la viscosidad del sistema. Densidad: 3180 kg/m3.

- Dióxido de manganeso: El dióxido de manganeso es un agente oxidante eficaz, pero lo que es más importante, tiene una gran afinidad por el azufre y, de hecho, se utiliza mucho en la desulfuración de aceros.

Por lo tanto, si se sabe que un concentrado tiene un alto contenido de sulfuro, entonces el dióxido de manganeso como agente fundente es más beneficioso.

- Carbón: Se utiliza cuando se requiere una atmósfera reductora sobre una carga.

Como agente fundente general para el tratamiento de concentrados, encontraría muy poca utilidad.

Sin embargo, se incluye en la lista de fundentes debido a sus evidentes capacidades reductoras. El carbón no se vuelve activo hasta una temperatura de 500-600°C, pero se puede usar de manera efectiva en un lingote con alto contenido de cobre para reducir la oxidación intensa.

Se ha utilizado para esta función, ya que una capa de óxido pesado puede causar problemas de muestreo y análisis.

## 4-6-DOSIFICACIÓN DE FUNDENTES

La cantidad de fundentes que se necesita, depende de la calidad del precipitado en base a su contenido metálico (contenido de Oro y Plata).

El cálculo necesario para determinar la composición adecuada del fundente se basa en el diagrama ternario $Na_2O$ – $B_2O_3$ – $SiO_2$, para la formación de escorias el cual es sólo referencial para estimar el punto de fusión de la escoria. En el diagrama ternario nos interesa conocer la temperatura a la que una mezcla sólida de composición determinada (fundente) empezará a fundir; o bien la cantidad de fundente básico que es necesario adicionar a una ganga ácida de precipitado o mineral para lograr una escoria que funda a una temperatura de fusión lo más baja posible.

El área de trabajo para la formación de escorias en la Refinería se señala en la Figura 17.

El diagrama de la Figura 17 muestra los puntos de fusión para diversas composiciones de estos tres compuestos ($Na_2O$, $B_2O3$ y $SiO_2$) y que es formado por los fundentes agregados.

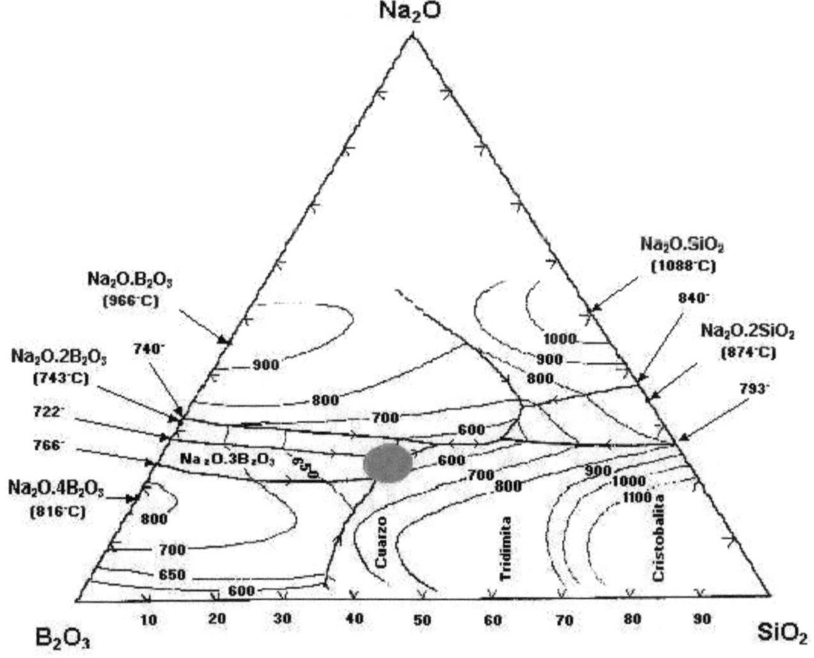


**Figura 17. Diagrama Ternario del sistema $Na_2O$ – $B_2O_3$ – $SiO_2$**

La dosificación teórica de fundentes que se debe añadir tanto para la oxidación de sulfuros como para la escorificación de óxidos se determina considerando la estequiometria de las reacciones que se llevan a cabo con cada sulfuro y óxido metálico presente en la mena o concentrado o Mineral

Una vez oxidados los sulfuros se procede a la formación de escorias, la cual consiste en la formación de boratos y silicatos. Se sugiere la formación de metaboratos y metasilicatos debido a que son los más fluidos, y al ser menos viscosos permiten el paso de los metales preciosos con mayor facilidad hasta la parte inferior del crisol para formar la fase metálica (Lenehan y Murray-Smith, 1986).

Los agentes oxidantes y fundentes para la formación de escorias son principalmente bórax ($Na_2B_4O_7.10H_2O$), y sílice ($SiO_2$), los cuales en proporciones adecuadas reaccionan con los óxidos metálicos para formar metasilicatos y metaboratos. Un ejemplo de este proceso es la escorificación del óxido de hierro, el cual se ilustra en la reacción:

$$3Fe_2O_3 + 3Na_2B_4O_7.10H_2O + 6SiO_2 \rightarrow 3Na_2B_2O_4 + Fe_2(B_2O_4)_3 + 2Fe_2(SiO_3)_3$$

## 4-7-FUSIÓN DE LA CARGA

La sustentación básica para lograr la retención de las impurezas de metales no ferrosos y ferrosos en la escoria está en su oxidación para formar compuestos silicatados o boratados. Esta suposición es factible termodinámicamente en las condiciones de operación que se dan en el crisol.

Los primeros cambios químicos que se producen durante la fundición dentro del Horno de Inducción se deben al efecto del calor (Q), con el cual se origina la descomposición de los fundentes oxidantes que son el Carbonato y el Nitrato de Sodio:

$$Na_2CO_3 + Q = Na_2O + CO + \frac{1}{2}O_2 \quad (851^{\circ}C)$$

$$NaNO_3 + Q = Na_2O + \frac{1}{2}N_2 + O_2 (308^{\circ}C)$$

Con la presencia del Oxígeno proveniente de la descomposición de los fundentes oxidantes, se inicia la oxidación de los metales base (que están en la carga como impurezas) según las reacciones:

Determinación de la cantidad de O2 que genera 1 mol de salitre al ser calentado sobre los 400 °C.

$$2\ KNO_3 + \varnothing \rightarrow 2\ KNO_2 + O_2 \quad O = 16,0$$

Con un calentamiento posterior el nitrito de potasio se descompone, dando óxido de potasio, oxido nitroso y un mol de oxígeno

$$2\ KNO_2 + \varnothing \rightarrow K_2O + N_2O + O_2$$

De acuerdo a estas reacciones 1 mol de nitrato (102,0 g) produce 1 mol de oxígeno (32,0 g).

Entonces en el crisol, el nitrato libera oxígeno para oxidar (o terminar la oxidación) de los sulfuros y/o metales presentes.

$$Zn + \frac{1}{2} O_2 = ZnO$$

$$Pb + \frac{1}{2} O_2 = PbO$$

$$Pb + O_2 = PbO_2$$

$$Cu + \frac{1}{2} O_2 = CuO$$

$$2Cu + \frac{1}{2} O_2 = Cu_2O$$

$$Fe + \frac{1}{2} O_2 = FeO_2$$

$$4Fe + 3O_2 = 2Fe_2O_3$$

Como última etapa se forman los Boratos y Silicatos, al reaccionar químicamente el Bórax y la Sílice con los óxidos de los metales básicos antes mencionados:

Con el Bórax:

$$Na_2B_4O_7.10H_2O + Q = 2B_2O_3 + Na_2O + 10\ H_2O\ (200^{\circ}C)$$

$$x\ Me_2O + y\ (B_2O_3) = x\ Me_2O\ .\ y(B_2O_3)$$

Con la Sílice:

$$x\ MeO + y\ SiO_2 = x\ MeO\ .\ y\ SiO_2$$

$$Me_2O_3 + y\ SiO_2 = x\ Me_2O_3\ .\ y\ SiO_2$$

---

ME = METAL

# CAPITULO 5- FASES.

Habiendo discutido ahora los principales agentes fundentes, el desarrollo de una receta de fundente para adaptarse a un concentrado en particular se vuelve esencial. Sin embargo, primero se debe ser capaz de reconocer los productos resultantes del proceso de fusiónBásicamente, lo que resulta es una fundición de metal y una fase de escoria, pero dependiendo de la cantidad de contaminación en la carga, la receta del fundente o la proporción de fundente a carga, existen otras dos fases posibles: Mate y Spiess

## 5-1FASE ESCORIA.

Son soluciones de óxidos de distintos orígenes, como también fluoruros, cloruros, silicatos, fosfatos, boratos, entre otros. La escoria es el líquido que posee la menor densidad por lo que se ubica en la parte superior de la mezcla fundida.

Las densidades de algunas escorias comunes se encuentran entre 2.72 y 2.84 g/cm3 cuando se encuentran a temperaturas entre 1823 y 1853 °K (Oliveira et al., 1999).

Las escorias por lo general son productos de desperdicio y cumplen una función importante, ya que se encargan de coloctar y retirar la mayor parte de producto que no se desea encontrar en el material valioso. Otra razón por la cual las escorias son importantes es porque sirven como protección térmica de la mezcla fundente, evitando la perdida de calor de la misma

## 5-2FASE METALICA.

La fase metálica está formada por metales puros, aleaciones de metales, o soluciones de no metales con metales. En estado líquido los metales poseen bajas viscosidades y altas tensiones superficiales, lo que resulta en un ángulo de contacto mínimo entre el metal líquido y las superficies de los materiales refractarios que los contienen, permitiéndoles fluir con mayor facilidad. La densidad de esta fase es mayor que la de las otras fases, por lo que a ésta se la encuentra en la parte inferior de la mezcla fundida. Por ejemplo, la densidad del oro es 19.3 g/cm3, de la plata es 10.49 g/cm3, del cobre es 8.96 g/cm3, del plomo es 11.34 g/cm3, entre otros (.

Generalmente, ésta es la fase valiosa del proceso de fusión y la que se desea recuperar.

## 5-3 FASE MATE.

Es un sulfuro artificial de uno o más metales que se forman durante el proceso de fusión.

Es una fase de punto de fusión muy bajo con una densidad relativamente alta y, por lo tanto, se encuentra entre las fases de metal y escoria, como una fase distinta y separada

Esta capa suele ser de color gris azulado, muy quebradizo y puede contener cantidades apreciables de metales preciosos

Los mates suelen ser a base de hierro o cobre y contienen hasta un 10% de oro en solución.

## 5-4 FASE SPEISS.

Es un antimoniuro o arseniuro metálico artificial formado en las operaciones de fundición y, por lo general, a base de hierro, sin embargo, el cobalto y el níquel pueden sustituirlo

Es una sustancia blanca de estaño, dura, bastante tenaz, que se encuentra entre las capas de metal y escoria, y también es capaz de retener una cantidad apreciable de metales preciosos en solución

Estas dos fases se mencionan porque, como se explicó anteriormente, la formación de cualquiera de ellas es indicativa de una fórmula de flujo incorrecta o de una relación de flujo a carga. Por lo tanto, en la mayoría de los casos, una refundición con fundente adicional es suficiente para eliminar cualquiera de las fases.

Sin embargo, si las recetas del fundente fallan, entonces la mata se puede descomponer con nitro o manganeso y se puede descomponer con soda cáustica o carbonato de sodio.

Cuando se trata material de esta naturaleza, es habitual fundir primero la fase y luego agregar el agente fundente y revolver en la carga fundida. Esto aumenta el área de contacto de la superficie y, por lo tanto, aumenta la cinética de reacción.

Nuevamente, se debe tener cierta precaución cuando se usa nitro en esta forma, ya que la efervescencia severa del nitro al descomponerse puede hacer que el material se desborde de la olla.

Por lo tanto, cuando se utiliza nitro directo, es habitual utilizar una olla de gran tamaño

Sin embargo, si la carga reacciona turbulentamente, una pequeña cantidad de sal seca tenderá a calmar la reacción. Esto simplemente se rocía sobre la superficie de la escoria

Finalmente, cuando la reacción haya terminado, se debe agregar una cantidad de bórax equivalente al fundente utilizado. Cuando se fusiona, esto se mezcla con la carga antes de la fundición y garantizará que se produzca una escoria manejable

## 5-5-DORÉ

El Doré es una aleación de Au y Ag. El objetivo del proceso de fundición o fusión de precipitados de Oro y Plata es obtener metal Doré en presencia de fundentes formadores de escoria a temperaturas que excedan el punto de fusión de todos los componentes de la carga típicamente entre 1200 y 1300ºC. El tiempo que se demora en fundir completamente la carga no solo depende de la calidad de la escoria que se forma sino también de la composición química de la aleación Oro-Plata. El punto de fusión del Oro es de 1064°C, mientras que la Plata funde a 962°C. La Figura 18 muestra el diagrama binario Ag-Au y se puede apreciar que el punto de fusión de la aleación se incrementa si aumenta el contenido de Oro.

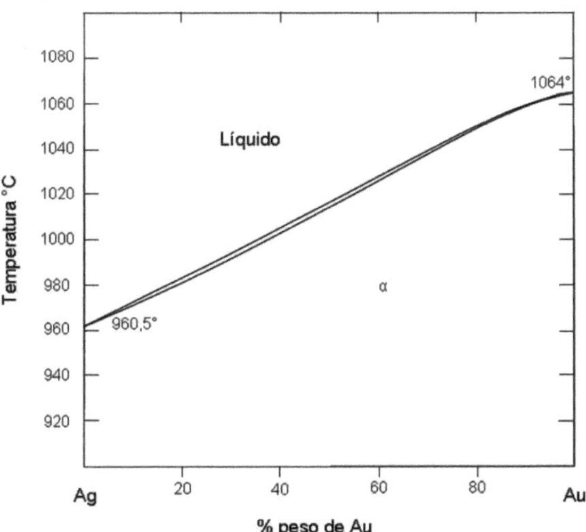


***Figura 18. Diagrama Binario Ag-Au***

Si el Cobre no es eficientemente oxidado y removido en la escoria, permanece en estado metálico y puede formar parte del Doré, alterando su punto de fusión. Se forma entonces una aleación ternaria, tal como se ve en la Figura 19.

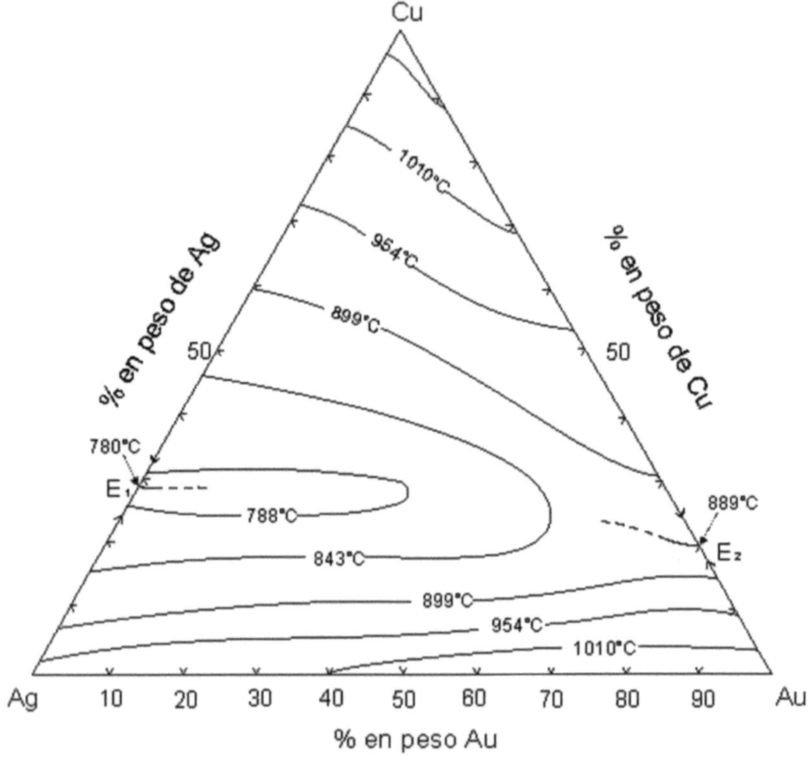


***Figura 19. Diagrama Ternario Ag-Au-Cu***

La fusión es un proceso de reducción o concentración, en el que la mayor parte de los constituyentes beneficiables se recogen en forma de metal, mientras que los no beneficiables forman otro producto conocido con el nombre de escoria.

La tostación y la calcinación suelen ser procesos previos que se llevan a cabo con objeto de obtener el metal en una forma más adecuada para la fusión o para eliminar algunas impurezas que pueden interferir indebidamente este proceso.

En un proceso metalúrgico de fusión la temperatura producida y mantenida es el resultado del balance algebraico entre el calor absorbido y generado y el transportado a los productos formados por las reacciones químicas y cambios físicos que tienen lugar durante dicho proceso.

La reacción primaria puede ir seguida o acompañada de varias de tipo secundario. La formación de compuestos en la escoria, metal o mata origina cambios térmicos.

## 5-6- ESCORIAS

Se entiende por escoria, a la masa vítrea que queda como residuo al fundir un precipitado. Durante la fundición, la escoria forma una fase que se separa del doré y debido a su inmiscibilidad y menor densidad se ubica sobre éste, lográndose así la separación de ambas fases (densidad Au = 19.32 gr/cm3, densidad Escoria = 2.53 gr/cm3).

Para la formación de escorias es necesario emplear diversos reactivos fundentes (conocido en inglés como flux). Se entiende por fundentes, toda sustancia o compuesto que se agrega a propósito a la carga, con el objeto de facilitar la fusión de aquellos componentes de alto punto de fusión como los involucrados en la fundición del Oro.

La adición de fundentes se efectúa principalmente por las siguientes razones:

- **Reducción de pérdidas por volatilización:** Los fundentes reducen el punto de fusión de la carga a un nivel por debajo de la temperatura que pudiera ocasionar volatilización. La fusión forma capas de escorias vidriosas que cubren físicamente el metal durante la fundición, reduciendo el potencial de los elementos volatilizantes de la capa del metal.

- **Protección del baño:** La formación de una capa de escoria aísla el baño metálico fundido de la atmósfera para evitar posibles reacciones de oxidación con ésta. Asimismo se evita las excesivas pérdidas de calor.

- **Recolección de impurezas:** Los fundentes reaccionan químicamente con las impurezas que contiene el precipitado. Las impurezas forman con los fundentes, compuestos químicos que son solubles en la escoria.

## 5-6-1-CARACTERÍSTICAS DE LAS ESCORIAS

En general, una apariencia vítrea o vidriosa es la marca comercial de una escoria aceptable.

Para garantizar los tiempos de tratamiento más rápidos, todos los ingredientes del fundente deben dividirse finamente y mezclarse íntimamente a través del concentrado antes de cargarlos en el horno.

Esto aumenta el área de contacto de la superficie que, a su vez, ayuda en gran medida a la cinética de la reacción al establecer muchas zonas de reacción en la masa fundida.

Las escorias producidas deben cumplir con las siguientes características generales:

- Bajo punto de fusión.
- Baja viscosidad.
- Baja densidad.
- Alta fluidez.
- Alta solubilidad de los óxidos de los metales básicos.
- No solubilidad del Oro y la Plata.
- No alterar el estado metálico del Oro y la Plata.
- Buena separación del metal Doré.
- Bajo desgaste refractario (por corrosión y/o abrasión).
- Fácil de romper para volver a ser tratado.

## 5-6-2PROPIEDADES FÍSICAS DE LA ESCORIAS.

✓ Energía o tensión superficial.

La tensión superficial de una escoria es una variable importante para la formación de las llamadas escorias espumosas requeridas en el afino de metales que facilitan un eficiente transporte de materia al asegurar una gran superficie de contacto metal- escoria

✓ Densidad

La densidad de la escoria es menor que la densidad de la fase metálica y esto es de gran importancia ya que sustenta la separación de fases por estratificación en los procesos pirómetalúrgicos. De esta manera la fase oxidada o escoria sobrenada a la fase rica metálica permitiendo así una adecuada separación

Estudios experimentales desarrollada por Mori y Suzuki, se acercaron más las estimaciones de la densidad de la escorias relacionándolas con la temperatura.

$$\rho(g/cm^3) = 5.00 - 0.0027*T - 0.50*CaO^{0.67} - 2.22*SiO_2^{0.4} + 0.70*FeO^{1.2} - 3.2*Fe_2O_3^{0.4}$$

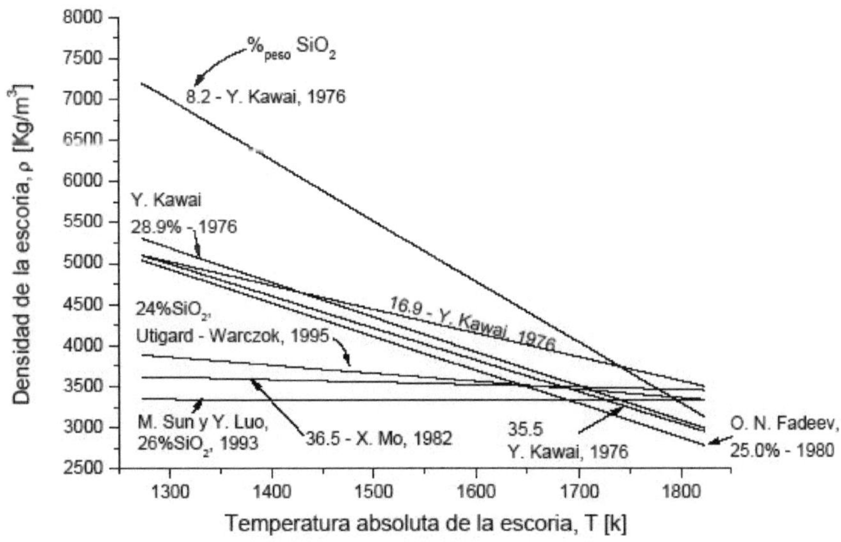


**Figura 20- Densidad de la escoria**

✓ Viscosidad.

La viscosidad de las escorias representa una de las variables más relevantes de la mayoría de los procesos metalúrgicos y en la cinética de las operaciones de conversión.

Varios modelos han sido publicados con el fin de estimar la viscosidad en función de su composición química. El modelo de Riboud y el modelo de Urbain son algunos de los modelos más conocidos para calcular la viscosidad. Riboud clasifica los componentes de las escorias en cinco categorías, dependiendo de su naturaleza química y atribuye valores a los parámetros de la ecuación tipo Arrenihus según la fracción molar de cada una de las categorías

$$\mu(T) = AT\exp\left(\frac{B}{T}\right)$$

La viscosidad de la escoria en función de la temperatura está representada por la siguiente ecuación matemática:

$\mu = 1.336.10^{-4}$ e $^{14}$

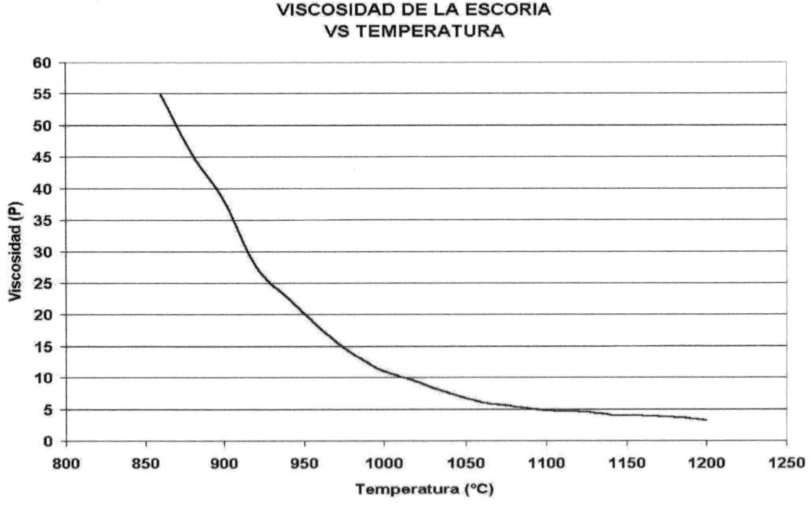


**Figura 21. Relación entre la Viscosidad de la Escoria y la Temperatura**

## 5-6-2PROPIEDADES QUIMICAS DE LA ESCORIAS.

Según el grado de acidez la escoria será ácida o básica; dependiendo que los componentes de la escoria, si consumen o liberan oxígeno.

A los consumidores de oxígeno se les llamará ácidos y a los que desprenden oxígeno en la fusión se les llamará básicos.

Una de las formas de medir el nivel de acidez esta dado por el cociente dado por **$SiO_2$/(CaO+MgO+...).**

Para una abundante ganga ácida (SiO2, etc.), las escorias deben ser básicas.

Sin embargo si se emplea demasiada basicidad para neutralizar la ganga ácida se podrían obtener escorias que solidifiquen a temperaturas altas.

Conviene que la escoria fundida tenga una temperatura de fusión baja de otro modo, entre los inconvenientes derivados de la falta de fluidez, se producirían atascos al colar y atrapamientos mecánicos de la aleación en la escoria, lo que obliga a costosas y engorrosas maniobras posteriores.

Se puede decir que un material que contiene suficiente cantidad de sílice entonces será ácido.

$$SiO_2 + 2O^{-2} = SiO_4^{-4}$$

**Clasificación.**

Por regla general la impureza más corriente que hay que separar es la sílice o algún silicato; por consiguiente, desde el punto de vista metalúrgico las escorias de silicatos son las más importantes.

Se han sugerido muchas clasificaciones de estas escorias, pero la que se considera de importancia es la que depende del grado de silicato, o sea la relación existente entre el oxígeno del ácido y el de la base.

Los puntos de formación y fusión de las escorias deben ser bajos, ya que, de no ser así, el consumo de energía será excesivo y, en ocasiones, las pérdidas por volatización también serán elevadas.

Por las mismas razones no son deseables escorias de peso específico elevado, ya que la mata o el metal no se separan fácilmente. Por consiguiente, en la práctica industrial debe existir generalmente una diferencia de peso específico de, por lo menos, una unidad entre la escoria y la mata o metal

En la siguiente tabla se indican las distintas clases:

## CLASIFICACIÓN DE ESCORIAS

| Nombre | Relación de oxígeno del ácido al oxígeno de la base | Fórmula |
|---|---|---|
| Subsilicato | 0.5 a 1,0 | **$4RO.SiO_2$** |
| Monosilicato | 1,0 a 1,0 | **$2RO. SiO_2$** |
| Sexquisilicato | 1,5 a 1.0 | **$4R0.3SiO_2$** |
| Bisilicato | 2,0 a 1,0 | **$RO. SiO_2$** |
| Trisilicato | 3,0 a 1,0 | **2R0.3SiO2** |

La tabla siguiente puede servir como guía aproximada para las escorias más corrientes:

**Peso especifico**

Monosilicatos (Fe, Mn, Zn) ... ... ... ... ... .... ..... 4,0

Bisilicatos ... ... ... ... ... ... ... ... ... ... ... ... ... .. 3,5

Silicatos básicos con $Al_20_3$ ........................... 3,2 a 3,4 .

Silicatos ácidos con $Al_20_3$ ... ... ... ................. 3,0 a 3,2

Silicatos de Mg ... ... ... ... ... ... ...... ............. 3,0 a 3,3

Silicatos de Ca ... ... ... ... ... ... ... ... ..............2,6 a 3,0

Silicatos de Na, K ... ...... ... ... ... ... ... .......... 2,5

Silicatos de bario ... ... ... ... ... ... ... ............... 4,4

Silicatos de plomo ... ... ... ... ... ... ... ............. .7,0

FeS ...... ... ... ... ... ... ... ... ... ... ... ... ............... 4,8

$Cu_2S$ .. ... ... ... ... ...... ... ... ... ... ... ................ 5,8

$SiO_2$ ... ... ... ... ... ... ... .. ... ... ... .................. 2,6

✓ Carácter acido- básico

*Basicidad de las escorias.*

La basicidad de las escorias ha sido expresada en varias formas, pero generalmente la expresión esencial del índice de basicidad, es:

El índice de basicidad binara (IB2), el incide de basicidad ternaria (IB3) y cuaternaria (IB4) sobre las muestras de escoria de acuerdo a las expresiones (1), (2) y (3).

- IB2= $CaO/SiO_2$
- IB3=$CaO/(SiO_2 + Al_2O_3)$
- IB4=$CaO + MgO/(SiO_2 + Al_2O_3)$

***La eficiencia en la separación entre la escoria y el metal Doré, se mide en términos de leyes de Au y Ag en la escoria o lo que es lo mismo, la recuperación de metales base (y otras impurezas) atrapadas en la escoria. La perfomance depende de la naturaleza del precipitado a ser fundido, en base a su contenido metálico y las propiedades de los fundentes a ser usados.***

# CAPITULO 6- REFRACTARIOS.

Se considera un producto refractario a aquel que resiste sin fundirse ni reblandecerse a temperaturas iguales o superiores a los 1500 ºC. durante un periodo de tiempo económicamente rentable, sin deterioro excesivo de sus propiedades físico-químicas.

## 6-1CLASIFICACIÓN DE REFRACTARIOS.

La clasificación puede hacerse atendiendo a su carácter químico ya que ésta es la que facilita su elección en función del uso que se le vaya a dar. En base a esto, se clasifican como:

Refractarios ácidos

- ✓ Productos arcillos, como la arcilla refractaria. El producto refractario resultante después de la cocción está compuesto por sílice ($SiO_2$) en un 54-73 % y por alúmina ($Al_2O_3$) en un 20-45 %. Son productos bastante sensibles a los cambios bruscos de temperatura.
- ✓ Productos silicioso: arena de cuarzo, cuarcita. Estos productos comprenden desde la sílice ($SiO_2$) en un 100 % a productos con no menos de un 85 % en sílice y el resto de alúmina. Tienen un punto de reblandecimiento del orden de 1400 ºC, gran resistencia a los vapores de los cloruros alcalinos y alta resistencia mecánica en caliente. Se suelen emplear en la construcción de hornos de coke.

Refractarios básicos

- ✓ Óxidos de aluminio: Están formados fundamentalmente por sílice y alúmina, pero al contrario que los ácidos, en éstos predomina la alúmina en proporciones del 80-60 %. Tienen un punto de reblandecimiento del orden de 1350 ºC y por lo general buenas propiedades para resistir los cambios bruscos de temperatura y las abrasiones.
- ✓ Óxidos de calcio y magnesio, como la dolomita [$CaMg(CO_3)_2$] y la magnesia ($MgO$). Las propiedades de ambos son muy parecidas pudiéndose mezclar la dolomita con magnesia en forma de bloques o de pasta, aglomerada con alquitrán. El

elemento principal de los refractarios de magnesia es la periclasa (MgO).Se caracteriza por su elevado punto de fusión; 2800 ºC, elevada dilatación térmica, alta refractariedad y gran resistencia a las escorias básicas.

- ✓ Para evitar las variaciones de volumen a temperaturas elevadas, la materia prima se sinteriza. La magnesia sinterizada además de MgO, también lleva cantidades variables de $Fe_2O_3$, $Al_2O_3$, CaO y $SiO_2$ que son importantes para el proceso de sinterización pero bajan el punto de reblandecimiento del material y con ello su utilización. Con pequeñas cantidades de cromo, se consigue mejorar la resistencia a los cambios bruscos de temperatura.

Refractarios neutros

- ✓ Productos de carbono. Éstos se preparan con grafito y con coke. El grafito, aglomerado con arcilla se usa para la fabricación de crisoles con buenas propiedades para la conducción del calor. El coke, aglomerado con alquitrán y cocido, se emplea para la construcción de soleras de hornos altos y que resisten el ataque de la fundición y de la escoria. Sin embargo, son materiales sensibles a la oxidación del aire y al vapor de agua.
- ✓ Productos en base a cromita mineral o artificial, magnesia y cal. Estos materiales se componen principalmente de magnesia (MgO), cal (CaO) o ambos juntos con el mineral de cromo; cromita ($Cr_2O_3 \cdot FeO$), que además contiene en su estado natural una importante porción de óxido de magnesio (MgO) y alúmina ($Al_2O_3$). Este último, es bastante inerte químicamente y de gran resistencia a las escorias tanto ácidas como básicas.

  Otro material de este grupo es el refractario de cromo-magnesia, formado por una mezcla de cromita y de magnesia en proporción 1:2. Las piezas se aglomeran por cocción o por unión química. La adicción de cromo ($Cr_2O_3$) a los materiales de magnesia, consigue un producto de alta calidad con buena resistencia a los cambios bruscos de temperatura, al fuego y a las escorias.
- ✓ Carburos de silicio, zirconio, niobio, tántalo. El carburo de silicio (SiC) funde a 2700ºC en atmósfera exenta de oxígeno, en aire, se oxida rápidamente entre 900-1300 ºC. Se usa

mezclado con arcilla refractaria para proteger los granos de silicio contra la oxidación. El producto refractario resultante puede tener altos coeficientes de conductividad eléctrica y térmica, gran resistencia mecánica a temperaturas elevadas y gran resistencia a la abrasión.

## 6-2REFRACTARIOS EN HORNOS DE PRODUCCIÓN DE ORO

En el Horno de Inducción se emplean los siguientes refractarios:

Crisol de Carburo de Silicio: La principal característica de este crisol es su composición química que es: 60% SiC y 30% C, lo cual le da características químicas ácidas. Es importante tomar en cuenta esto para una correcta dosificación de los reactivos fundentes. Este crisol tiene además excelente resistencia a choques térmicos. La máxima temperatura de trabajo es de 1430°C.

En el Horno de Inducción se emplean los siguientes refractarios:

Refractario Dri–Vibe: Este refractario se utiliza como revestimiento área de la tapa superior de revestimiento interior de hornos de crisol . Es un material a base de alúmina fundida (86%) que tiene una buena resistencia ante el ataque químico. El segundo componente principal es MgO con 8%.

En el Horno de Inducción se emplean los siguientes refractarios:

Refractario Steel-Pak 86CR: Este material fue diseñado específicamente para hornos de inducción sin núcleo. Es un material de alta alúmina (76%) con ligante de ácido fosfórico (4%) el cual le da las características plásticas que posee. Los componentes secundarios son el $SiO_2$ con 13% y $Cr_2O_3$ con 4%. La adición de Cromita le da alta resistencia a la corrosión y a la abrasión tanto al metal como a la escoria.

Minro-AL Plastic A-91: Este material se utiliza para fabricar la corona en el Horno. Es un material de alta alúmina (87.4%) con ligante de ácido fosfórico (3%) el cual le da las características plásticas que posee. El segundo componente principal es el $SiO_2$ con 7%. Tiene buena resistencia a la abrasión y corrosión, buena trabajabilidad, buena adherencia y tiene buena resistencia térmica.

Refractario Minro Weave Cloth: Esta tela refractaria se utiliza alrededor del revestimiento del Crisol para brindarle “alivio” durante la dilatación del crisol cuando está en operación (en fundición). Es un material texturizado a base de fibra de vidrio capaz de resistir altas temperaturas en operaciones no continuas. Es resistente a solventes y a la mayoría de los ácidos y álcalis. Tiene una alta fuerza dieléctrica y una baja constante dieléctrica. No contiene asbesto. Se presenta en rollos.

## 6-2-1RENDIMIENTO DE CRISOLES.

El rendimiento de los crisoles ha sido evaluado según la cantidad de precipitado y fundentes que se puede procesar por unidad.

Se analiza la cantidad de precipitado procesado por crisol debido principalmente a la adecuada adición de fundentes.

Se ha visto que el Nitrato de Sodio es un fuerte agente oxidante. Si se tiene un exceso de este componente se crea una atmósfera fuertemente oxidante y empieza a ocurrir una “descarburización” acelerada del crisol, ya que el Carbono contenido en él, comienza a reaccionar directamente con el Nitrato de Sodio produciendo $CO_2$ y $N_2$ según:

$$4NaNO_3 + 5C = 2Na_2CO_3 + 3CO_2 + 2N_2$$

Esto acelera el desgaste del crisol y afecta grandemente a su rendimiento.

## 6-2-1ESTADO DEL CRISOL REPARACIÓN Y CAMBIO

Durante la fusión, medir la temperatura con el termómetro infrarrojo en la carcasa del horno alrededor de la cintura, si las temperaturas sobrepasan los 150°C, se procederá al parchado o cambio del crisol dependiendo del desgaste y zonas dañadas.

1- Inyectar aire a presión (si el crisol esta frio) para limpiar los residuos que puedan quedar después de la colada y tener una mejor visión del estado del crisol.
2- Revisar el estado del crisol como sigue:
    a. Acomodarse para la mejor visualización del crisol
    b. Observar detalladamente la profundidad de las rayaduras en la pared del crisol.
    c. Observar el desgaste en la pared del crisol (mayormente en la cintura) y en el piso ocasionado por el uso
    d. Determinar el desgaste si es mayor al 60% del espesor según diseño proceder al parchado.
3- Si se determinar que el deterioro del crisol por el desgaste, rajaduras, socavación, etc. es mayor a 60% del espesor según diseño, se procede al cambio o al parchado según el deterioro.

## 6-3 DESGASTE DE REFRACTARIOS.

La corrosión de los materiales refractarios por escorias es un tema muy complejo debido a la diversidad de mecanismos paralelos de ataque químico, termomecánico y procesos de desgaste tribológico que pueden influir durante el servicio, además de que las características físicas y químicas durante el ataque no son uniformes por tratarse de materiales y medios corrosivos heterogéneos. Como consecuencia, tanto los fabricantes como los consumidores de refractarios deben mantener de forma continua programas de mantenimiento e investigación.

### 6-3-1MECANISMO DE CORROSIÓN Y DESGASTE DE REFRACTARIOS

- ✓ Factores Químicos

Reacciones químicas entre los componentes del ladrillo y los metales fundidos o gaseosos que penetran por la porosidad.

- ✓ Factores Capilares

Debido a la porosidad abierta del refractario.

✓ Factores Mecánicos

La erosión causada por el movimiento del horno, la agitación, el impacto de la carga sólida o líquida y las tensiones resultantes de las dilataciones/contracciones en las mamposterías

| **Factor de Desgaste** | **Efecto** | **Propiedad Requerida** |
|---|---|---|
| **Químicos**<br>Escorias | Infiltración y corrosión de la micro-estructura<br>Debilitamiento de la liga | Alta resistencia a corrosión<br><br>Alta resistencia a infiltración |
| **Capilares**<br>Porosidad abierta<br>Características físico químicas del fundido | Infiltración en la micro-estructura<br>Cambio de composición del refractario | Alta resistencia a la infiltración |
| **Termo- mecánicos**<br>Infiltraciones metálicas<br>Cambio de temperaturas<br>Movimiento del baño/horno<br>Tensión en la Mampostería Refractaria | Desgaste en el uso<br>Aumento de la cond. térmica<br>Desconchamiento (Spalling)<br>Erosión<br>Formación de micro-fisuras | Elevada refractariedad<br>Alta resistencia a la inflitracion<br>Flexibilidad estructural |

## BIBLIOGRAFÍA.


1. Adamson R.J. 1972. Gold Metallurgy in South Africa. Chamber of Mines of South Africa, Johannesburg.
2. Coudurier, L., Hopkins, D. W., & Wilkomirsky, I. 2013. Fundamentals of Metallurgical Processes: International Series on Materials Science and Technology (Vol. 27). Elsevier.
3. Fábrica de ideas. 2014. Fábrica de ideas. Obtenido de El proceso del oro de principio a fin: https://fabricadeideas.pe/wp-content/uploads/2014/04/ProcesosYanacocha.pdf
4. García, e. Y. 2014. Diseño y construcción de un horno de crisol para aleaciones no ferrosas. San Salvador: Universidad del Salvador.
5. Grimwade, Mark. 2000. "A plain's man guide to Alloy Phase Diagrams: Their use in Jewellery Manufacture".
6. Imris, Ivan. 2000. "Gold and Silver Smelting and Refining Processes"
7. Imris, Ivan. 2000. "Slag from Doré Smelting Process"
8. Integrated Global. (s.f.). Revestimientos de Alta Emisividad para Superficies Refractarias dc Calentadores. Obtenido de IGS: ttps://integratedglobal.com/es/services/revestimientosde-alta-emisividad-para-superficies-refractarias-calentadores/#:~:text=Los%20ladrillos%20refractarios%20aislantes%20(IFB,de%20la%20manera%20m%C3%A1s%20eficiente.)
9. John Marsden, Iain House.2006; The Chemistry of Gold Extraction; SME,;ISBN: 0873352408, 9780873352406
10. Kaspin, S., and N. Mohamad. 2015 "Gold refining process and its impact on the environment." In Environmental Engineering and Computer Application: Proceedings of the 2014 International Conference on Environmental Engineering and Computer Application , Hong Kong, 25-26 December 2014, p. 19. CRC .
11. Kaspin, Saadiah. 2013 "Small scale gold refining: Strengths and weaknesses." In Technology, Informatics,

Management, Engineering, and Environment (TIME-E), International Conference on, pp. 32-36. IEEE, 2013.

12. Lenahan, W.e. and Murray-Smith R. 1986. Assay and Analytical Practice in the South African Mining Industry. Chamber of Mines of South Africa, Johannesburg.

13. Levin, Robbins and McMurdie .1969. Phase Diagrams for Ceramicists, 2nd edn. p.204. The American Ceramic Society.

14. McGuire, M.A. 1995. “Recovery of Precious Metals from Merrill-Crowe Precipitates by Smelting”

15. Palacios G, José. 1999. “Fundamentos de la Fusión a Metales Doré”.

16. Paredes, E. C. 2015. Optimización en la fundición de precipitados de oro y plata. Perú.

17. Pillaca Hinostroza, I. 2017. Mejoramiento del proceso por ensayo al fuego para determinar Au y Ag, en concentrados de Pb-Zn y Cu en la empresa “MINLAB SRL”-Canaria.

18. Santander, Nelson H. 1997. “Materiales Refractarios”.

19. Suzuki, M., Jak, E. Quasi-Chemical Viscosity Model for Fully Liquid Slag in the Al2O3-CaO-MgO-SiO2 System—Part I: Revision of the Model. Metall Mater Trans B 44, 1435–1450 (2013). https://doi.org/10.1007/s11663-013-9928-3

20. Yáñez Concha, T. F. 2024. Optimización de la fusión de concentrados gravimétricos de oro para Mina El Bronce.

yes

**I want** morebooks!

Buy your books fast and straightforward online - at one of world's fastest growing online book stores! Environmentally sound due to Print-on-Demand technologies.

Buy your books online at
**www.morebooks.shop**

---

¡Compre sus libros rápido y directo en internet, en una de las librerías en línea con mayor crecimiento en el mundo! Producción que protege el medio ambiente a través de las tecnologías de impresión bajo demanda.

Compre sus libros online en
**www.morebooks.shop**

info@omniscriptum.com
www.omniscriptum.com

Printed by Books on Demand GmbH, Norderstedt / Germany

Printed by Books on Demand GmbH, Norderstedt / Germany